中国潮菜

非遗美食

水产类

第2版

肖文清 ◎ 编著

SPM 南方出版传媒

广东科技出版社 | 全国优秀出版社

· 广州 ·

图书在版编目（CIP）数据

中国潮菜. 水产类 / 肖文清编著. —2版. —广州：
广东科技出版社，2021.12（2023.10 重印）
ISBN 978-7-5359-7777-9

Ⅰ. ①中… Ⅱ. ①肖… Ⅲ. ①粤菜—菜谱
Ⅳ. ①TS972.182.653

中国版本图书馆CIP数据核字（2021）第229357号

中国潮菜：水产类（第2版）

Zhongguo Chaocai: Shuichan Lei

出 版 人：严奉强
项目统筹：颜展敏　钟洁玲
责任编辑：张远文　彭秀清　李　杨
装帧设计：友间文化
责任校对：李云柯
责任印制：彭海波
出版发行：广东科技出版社
　　　　　（广州市环市东路水荫路11号　邮政编码：510075）
销售热线：020-37607413
https://www.gdstp.com.cn
E-mail: gdkjbw@nfcb.com.cn
经　　销：广东新华发行集团股份有限公司
印　　刷：广州市岭美文化科技有限公司
　　　　　（广州市荔湾区花地大道南海南工商贸易区A幢　邮政编码：510385）
规　　格：720mm×1 000mm　1/16　印张8.5　字数170千
版　　次：2021年12月第1版
　　　　　2023年10月第2次印刷
定　　价：56.80元

序一
烹饪与教育结出硕果
——肖文清与他的中国潮菜

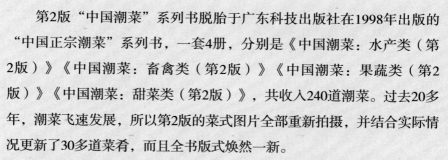

第2版"中国潮菜"系列书脱胎于广东科技出版社在1998年出版的"中国正宗潮菜"系列书，一套4册，分别是《中国潮菜：水产类（第2版）》《中国潮菜：畜禽类（第2版）》《中国潮菜：果蔬类（第2版）》《中国潮菜：甜菜类（第2版）》，共收入240道潮菜。过去20多年，潮菜飞速发展，所以第2版的菜式图片全部重新拍摄，并结合实际情况更新了30多道菜肴，而且全书版式焕然一新。

作者肖文清是元老级中国烹饪大师、中国潮菜烹饪界德高望重的一代宗师、潮汕餐饮行业领军人物、汕头市非物质文化遗产代表性项目"潮菜（潮州菜）烹饪技艺"传承人。17岁那年，他以优异的成绩毕业于汕头市服务学校厨师班，进入当时整个粤东地区最高档的接待单位——汕头大厦厨房工作。在那里，他善于钻研，勤于实践，获名师悉心培养，专业学识和刀鼎厨艺快速提升。与一般厨师不一样的是，肖文清除了擅长烹调、点心操作技术，还专心于理论研究，在潮菜传承、创新方面有独到见解。1979年，肖文清开始进入潮菜教育培训领域，兼任汕头地区商业技工学校教师。从此，他在烹饪实操和潮菜教育两条战线上同时发力：一边钻研技艺，创新潮菜；一边负责编写教材，培养新一代厨师。1984年，他成为汕头市饮食服务总公司副总经理，分管4个集体企业公司，同时兼任汕头市饮食服务行业技术培训中心主任，主抓潮菜技能培训，对烹饪的高技能人才进行升级辅

导。为配合教育培训，他访问老行尊，结合自己的工作实践，先后主持编写了《中国潮州名菜谱》《中国烹饪大师作品精粹·肖文清专辑》《正宗潮汕菜精选》等潮菜书籍。1998年在广东科技出版社出版的"中国正宗潮菜"系列书（全4册），就是这一阶段的成果。

几十年来，肖文清教育培训出的烹饪技术人才、餐饮服务人才成千上万。其中，通过考核的中式烹调师技师、高级技师达400多人，他们中有内地、港澳从事潮菜烹调的从业人员，也有来自国外的潮菜厨师。2005年肖文清获得中国烹饪协会颁发的"中华金厨奖最佳教育成就奖"。

可以说，在潮菜的烹饪和教育这两个领域，他都获得了丰硕成果。

2003年之后，他退而不休，多次带队到新加坡、泰国、马来西亚、中国香港、中国澳门、中国台湾等国家和地区举办"潮汕美食节"。肖文清的代表菜品有"红炖海螺""红炆海参""红炆海鳗""红萝卜馔""满地黄金"等。

潮菜诞生于潮汕平原，这里面朝大海，盛产名贵海味，农产品丰富，且烹饪技艺传承久远。本系列书依据食材大类，分成水产类、畜禽类、果蔬类、甜菜类4册。需要说明的是，潮菜的传统名肴，囊括了燕翅鲍参肚等高档食材，鱼翅曾是高端潮菜的主角。近年来，随着环保呼声日高，国际社会倡导不吃鱼翅，保护体形超大的大白鲨、鲸鲨、姥鲨等。在我国，2012年国务院发布新规，严禁公务接待食用鱼翅。在个人消费上，虽从未明令禁止，但我们也不提倡吃鱼翅。第2版我们保留了鱼翅相关菜肴，目的是让读者了解潮菜的历史传承和复杂的烹饪技法，举一反三，从而学会运用新的食材，烹制出健康环保的菜式。

潮菜是粤菜的三大流派之一，它传承久远，根深叶茂。改革开放以来，潮菜同样发生了翻天覆地的变化，很多传统名菜已经更新迭代。第2版"中国潮菜"系列书正是潮菜的迭代成果，这是对现当代潮菜烹饪技艺的一次总结。多年来，肖文清还负责潮汕地区烹调厨师和点心师等级考试、餐饮服务行业等级标准考核的命题及国家职业技能鉴定中式烹调师（粤菜）题库的修订。这样的资历，让本系列书具备了专业性和权威性。

本系列书涉及炊（蒸）、炆、炖、煎、炸、炒、泡、焗、扣、清、淋、灼、烧、卤等十几种烹饪方法，每款菜式详细列出选料配料、用量规格、制作步骤，简入浅出，通俗易懂，既适合专业厨师参考，也适合广大业余烹饪爱好者阅读。

相信第2版"中国潮菜"系列书的出版，将对潮菜在海内外的传承和传播起到积极的推动作用。

钟洁玲

资深编辑，美食作家

2021年8月28日

序二
潮菜的发展与特色

潮菜是粤菜三大流派之一，发源于潮州府，根植于潮汕大地，历经千余年的发展，以其独特风味自成一体。潮菜包括所有讲潮汕话地区的地方菜，人们又称之为潮汕菜、潮州菜。目前潮菜不仅风靡南粤，走俏神州，而且饮誉海外，香飘五洲，影响广泛而深远。

潮汕地处闽粤边界，位于东南沿海，韩江下游，北回归线横穿而过，气候温和，雨量充足，土地肥沃，物产极为丰富。这都是潮菜赖以发展的物质基础。

潮菜的形成和发展，源远流长。早在秦以前潮州为闽越，"以形胜风俗所宜，则隶闽者为是"，因此潮菜的渊源可追溯到古代闽越之时，其特色与闽菜有同源之处。秦以后潮州改属广东，潮菜也与广府菜一样受中原饮食文化的影响而得以提高。盛唐时代，被贬至潮州任刺史的韩愈，就曾写过《初南食贻元十八协律》一诗，是古代介绍潮汕饮食特殊风味的代表作。诗里记录了潮汕人民食鲎、蚝、蒲鱼、蛤、章举（章鱼）、马甲柱等数十种海鲜。由此可见，当时的潮汕人已有相当水平的烹饪技艺，不仅能利用当地的海鲜产品烹煮带有自己地方特色的菜肴，还晓得将盐、酱、醋、椒和橙等作为调味佐料。韩愈在传播中原文化的同时，也促进了中原的饮食文化与潮汕当地的饮食文化两相融合，久而久之，形成了独特的南方烹饪流派——潮菜。

中国菜素有"色、香、味、形、器"五大要素，唐代以后的宋、元、明历代对潮菜烹调技术和餐具器皿都有记载。曲阜孔府内有清代制造的银质餐具一套,这套餐具打制得精美豪华,是专为清代高级宴会——满汉全席用的,计404件,可上196道菜。其造型仿古,形状逼真,栩栩如生,有象形、鱼形、鸭形、鹿头形、寿桃形、瓜形、枇杷形等。器皿的印鉴清晰可见,分别为潮阳店及汕头的颜和顺老店。这套餐具保存在孔府,但它出自潮汕人之手,在潮汕当地打制,这说明清代潮汕饮食文化水准之高。至清末民初,汕头市作为新兴的通商口岸崛起,国内外商贾云集,市场繁荣,酒楼菜馆林立,名厨辈出,名菜纷呈,潮菜进入了一个飞跃发展的时代。20世纪30年代初,汕头市就有"擎天酒楼""陶芳酒楼""中央酒楼"等颇具规模的高档酒楼。

中华人民共和国成立后,潮菜烹调又有新的发展。特别是改革开放的春风带来了潮汕地区经济的腾飞,沿海城镇居民生活水平有较大的提高。汕头市作为经济特区和华侨众多的侨乡,商务往来、华侨探亲和旅游观光日益频繁,使饮食市场空前繁荣。大中型、多层次的酒店、宾馆、酒家、风味餐馆如雨后春笋般迅猛发展,潮菜进入了鼎盛发展时期。

潮菜的主要烹调技法有炆、炖、煎、炸、炊(蒸)、炒、焗、泡、卤、扣、清、淋、灼、烧、煸、羔烧、蜜浸等十几种,其中炆、炖具有独特风味。炆的主要特色是先用旺火,让气流击穿物料的机体,瓦解其纤维,然后改用慢火收汤,使物料逐渐吸收辅料之精华,融为一体,使之浓香入味,烂而不散;爆炒爽脆香滑,炊(蒸)、清、泡、淋尤为鲜美,保留了食材的原汁原味;卤的风味特殊;等等。因此,潮菜的风味特色是清而不淡、鲜而不腥、素而不斋、肥而不腻。

潮菜用料广博，其特色有"三多一突出"。

其一，水产类品种特别多。在唐代韩愈的诗中，就记录了当时潮汕人喜食的鲨、蚝、蒲鱼、章鱼、马甲柱等水产品，还有数十种是他不认识的，这令他大为惊叹。清嘉庆年间的《潮阳志》记载："邑人所食大半取于海族，鱼、虾、蚌、蛤，其类千状，且蚝生、虾生之类辄为至美。"可见千百年来，这些海产品一直是潮菜的主要用料，因而以烹制海鲜见长是潮菜的一大特色。

其二，素菜多样，依时而变。此处所说的"素菜"是指素菜荤做，用肉类燀、焖而成的菜，上席时见菜不见肉，使其达到"有味使之出，无味使之入"的境地。青蔬软烂不糜，饱含肉味，鲜美可口，令人饱享天然蔬鲜真味，素而不斋。名品有厚菇芥菜、玻璃白菜、护国素菜等数十种，以及近期推出的红萝卜羹、西芹羹、珠瓜羹等绿色食品菜肴，是粤菜系中素菜类的代表。素菜用料则随时令季节而变，所用的青蔬有大芥菜、大白菜、番薯叶、苋菜、西芹、菠菜、通心菜、黄瓜、冬瓜、珠瓜、豆腐、发菜、竹笋等，既体现田园风味，又有潮汕特色。

其三，甜菜品种多。潮汕地区属亚热带气候，历史上是蔗糖的生产区之一。潮汕人民很早以前就掌握了一套制糖的方法，为制作甜菜提供了基本原料。甜菜主要原料包括动物性和植物性两大类。动物性方面，有飞鸟禽兽、海味等；植物性方面，有瓜、果、豆、薯等。甜菜的选料不乏名贵原料，如燕窝、海参、鱼翅骨、鱼脑等，而更普遍、更具地域特色的是取材于本地四季盛产的蔬果和谷类，如南瓜、香瓜、姜薯、芋头、番薯、冬瓜、荸荠（马蹄）、柑橘、豆类、糯米等。在烹调技术的运用上根据原料各自的特点，采用一系列不同的制作工艺，使品种多姿多彩；

此外，猪肥肉、五花肉等荤料也可入菜做成上等名肴，登上大雅之堂。代表品种有金瓜芋泥、太极芋泥、羔烧白果、羔烧姜薯、炖鱼翅骨、绉纱莲蓉等。

最后，突出的是酱碟佐料丰富。潮菜中之酱碟佐料是其他菜系所不及的。酱碟是潮菜烹调的主要助味品，上至筵席菜肴，下至地方风味小食，基本上每道菜都必配以各式各样的酱。在烹调过程中，热处理容易使菜肴的色泽和味道受到影响，此时，可发挥酱料的辅助作用，使菜肴达到色、香、味、形俱佳。潮菜酱碟的搭配比较讲究，什么菜搭配什么酱料，正所谓"物无定味，适口者珍"。如明炉烧响螺，同时搭配梅膏酱和芥末酱；生炊膏蟹必配姜米浙醋；生炊龙虾应配桔油；肉皮冻、蚝烙要配鱼露；卤鹅肉要配蒜泥醋；牛肉丸、猪肉丸要配上红辣椒酱等。酱碟品种繁多，味道有咸、甜、酸、辣、涩、鲜等，色泽有红、黄、绿、白、紫、棕等，真是五光十色。

此外，潮菜筵席也自成一格，例如：大喜席用12道菜，其中包括咸、甜点心各一件。喜席有两道甜菜，一道作头甜，一道押席尾，头道清甜，尾菜浓甜，寓意生活幸福，从头甜到尾，越过越甜蜜；有两道汤（羹）菜，席间穿插上工夫茶，解腻增进食欲。如此种种，潮菜与广府菜、客家菜的风格迥然不同。

"中国潮菜"系列书是将传统潮菜和现今改革、创新菜肴相结合，经整理而写成的，以分册的形式出版。该系列书于1998年10月首次出版，已重印多次。2021年应广东科技出版社的邀约，根据潮菜制作技术的更新、菜肴的创新等重新制作、拍摄、编写了该系列书的第2版，以符合当代读者的需要。第2版"中国潮菜"系列书由《中国潮菜：水产类（第2版）》《中国潮菜：畜禽类（第2版）》

《中国潮菜：果蔬类（第2版）》《中国潮菜：甜菜类（第2版）》共4册组成。

在长期发展过程中，潮菜、广府菜、客家菜构成粤菜的三大流派，互相影响，共同提高。本系列书的出版，不但为粤菜（潮菜）添光增色，而且可作为烹饪技术人员和家庭烹饪爱好者的实用参考书。

本系列书中的菜品在制作、拍摄和编写过程中，得到多位大师和汕头市南粤潮菜餐饮服务职业技能培训学校老师的鼎力配合，他们是钟昭龙、高庭源、陈汉章、陈汉宁、肖伟忠、张进忠、陈进华、肖伟贤、黄光延、吴文洪等，在此表示衷心的感谢！

肖文清

2021年6月

目 录

红烧海参

特点

此菜软滑可口，鲜味浓郁，营养丰富，为传统佳肴。

原料

带骨老鸡肉	500克		
浸发海参	750克	虾　米	25克
猪五花肉	500克	浸发香菇	75克
甘　草	0.1克	姜　片	10克
葱　条	15克	精　盐	25克
味　精	5克	珠　油	5克
麻　油	5克	浅色酱油	15克
绍　酒	15克	白　酒	10克
湿生粉	10克	二　汤	1 750克
猪　油	150克		

制法

1　将海参切成6厘米×2厘米的块。鸡肉、猪肉也切成块。

2　将海参放入沸水锅内滚焯约6分钟，捞起。用中火烧热炒鼎，下猪油25克，放入姜、葱、白酒，加二汤500克、精盐5克，下海参煨约2分钟，倒入漏勺沥去水，去掉姜、葱。

3　将炒鼎洗净放回炉上，下猪油50克，放入海参略炒，倒入已用竹篾片垫底的砂锅里。炒鼎再放回炉上，下猪油50克，放入猪肉、鸡块，烹绍酒，加二汤1 250克、浅色酱油、珠油、甘草推匀，倒入砂锅里，加盖，用旺火烧沸后，转用小火炆约1小时，再加香菇、虾米，炆约30分钟至软烂。去掉猪肉、鸡块、甘草，捞起海参、虾米放入盘中；用浓缩原汁300克下锅，加入精盐20克、味精5克，烧至微沸，用湿生粉调稀勾芡，最后加入麻油和猪油25克推匀，淋在海参上即成。

红炆明皮

原
料

发好明皮（俗称沙鱼皮）　750克

香　菇	25克	北　葱	25克
虾　米	25克	猪肚肉	500克
猪　油	50克	二　汤	1 000克
姜	10克	绍　酒	5克
酱　油	10克	味　精	5克
麻　油	0.5克	胡椒粉	0.5克

 制法

1. 将发好的明皮切为"日"字块状（5厘米×2.5厘米）放入炒鼎下猪油，投入姜、北葱、绍酒炒过，再放清水滚过后，取出倒入笊篱，再用清水漂凉后，滤干水分待用。

2. 将明皮、香菇下鼎，加入二汤，将猪肚肉切为四块盖在上面，放入酱油、味精，先旺火后转慢火；炆30分钟后，取出猪肚肉。

3. 将北葱切节（3厘米×1厘米），下鼎用猪油炸至金黄色捞起。

4. 将炆过的明皮，加入虾米、北葱下鼎再炆5分钟，调好咸淡，使其收汤入味，有黏质时加入麻油、胡椒粉即成。

炆酿鳝卷

原料

黄　鳝	6条（约1 000克）				
鲜虾肉	150克	猪瘦肉	150克	猪肥肉	75克
鸡蛋白	15克	熟瘦火腿	10克	猪网油	150克
红辣椒	15克	葱　条	5克	姜　片	5克
浸发香菇	75克	精　盐	5克	白　糖	5克
胡椒粉	0.5克	麻　油	0.5克	深色酱油	10克
绍　酒	5克	生　粉	25克	湿生粉	10克
上　汤	750克	花生油	1 500克（耗75克）	味　精	5克

制法

1. 将黄鳝去掉黏液洗净，剖腹取出内脏，剔去脊骨，切掉头、尾，然后切成薄片。把火腿、香菇10克切成细粒，猪肥肉切成3毫米宽的长条，红辣椒切成中丝，猪网油洗净切成3块（每块40厘米×20厘米），猪瘦肉、鲜虾分别剁成茸。

2. 将姜、葱、绍酒和精盐2.5克调匀，放入鳝肉片腌制约5分钟。在猪瘦肉、虾茸、香菇粒、火腿粒中加入精盐2.5克、味精2.5克和鸡蛋白拌成馅料，分成3份。

3. 将一块猪网油摊开，撒上生粉，把两条鳝鱼肉（肉向上，头尾方向相叉）排在网油上，把一份馅料抹在鳝肉上，用肥肉条25克、红辣椒丝5克横在馅料的一边，卷成圆条，再用纱绳捆扎封口，按上述方法共做成2条鳝卷。

4. 用中火烧热炒鼎，下猪油烧至油温160℃时，放入鳝卷炸约3分钟至金黄色，倒入笊篱沥去油。把炒鼎放回炉上，倒入上汤，投入香菇65克、白糖、深色酱油、鳝卷，约炆20分钟至熟取出，留下浓缩原汁200克备用。

5. 把鳝卷的纱绳拆掉后横切成2厘米厚的圆形块共24块，排在盘上，香菇放在四周。将原汁倒入炒鼎，加入味精2.5克、胡椒粉，用湿生粉调稀勾芡，最后加麻油和花生油2.5克推匀，淋在鳝卷和香菇上即成。

红炆乌耳鳗

原料

乌耳鳗（白鳝）　500克

去皮猪肚肉　100克

香　菇	15克	蒜　头	50克
红辣椒	10克	姜	5克
酱　油	10克	味　精	5克
生　粉	5克	上　汤	500克

胡椒粉、麻油　各少许

特点
色泽红润，
口感鲜嫩。

008

把乌耳鳗去肠脏洗净，切成6厘米长块状，蘸上酱油、生粉下油锅炸过捞起。

2 蒜头走油捞起，将猪肚肉、香菇、姜、红辣椒切粒后下鼎炒香，和入上汤味料，将乌耳鳗下鼎一起炆20分钟（蒜头应在乌耳鳗炆15分钟后掺入），勾芡装盘，撒下胡椒粉、麻油上席。

红炆脚鱼

原料

宰净脚鱼（甲鱼）	750克		
猪肚肉	250克	浸发香菇	25克
炸蒜肉	50克	姜　片	5克
红辣椒	5克	精　盐	5克
味　精	5克	胡椒粉	0.5克
麻　油	0.5克	蚝　油	15克
绍　酒	10克	生　粉	5克
上　汤	500克	猪　油	25克
酱　油	10克		
生　油	1 000克（耗120克）		

1. 将脚鱼切块（每块重约20克），用生粉和酱油10克拌匀。将猪肚肉切成3毫米厚的片。

2. 用中火烧热炒鼎，下油烧至油温160℃时，放入脚鱼块熘过油约2分钟，倒入笊篱沥去油。将炒鼎放回炉上，下姜片、肉片、香菇和脚鱼块煸炒，烹入绍酒，加上汤、精盐、红辣椒和蚝油15克、味精2.5克，烧至微沸，移放到砂锅内，加锅盖炆约15分钟，下炸蒜肉再炆约10分钟至较烂。待汤浓缩到约剩下150克时，去掉姜片、红辣椒。再用中火烧热炒鼎，下油10克，倒入脚鱼块，加味精2.5克、胡椒粉，用湿生粉调稀勾芡，最后淋麻油和猪油25克，炒匀上盘便成。

红炆松鱼头

原料

大松鱼（鳙鱼，带腹）头　2个（约1 000克）

浸发香菇粒　35克

蒜　头	75克	姜　米	5克
猪肉丁	75克	芋　头	250克
红椒丁	10克	精　盐	6克
味　精	7克	生　粉	100克
湿生粉	25克	酱　油	25克
麻　油	1克	绍　酒	15克
二　汤	750克	生　油	1 500（耗150克）

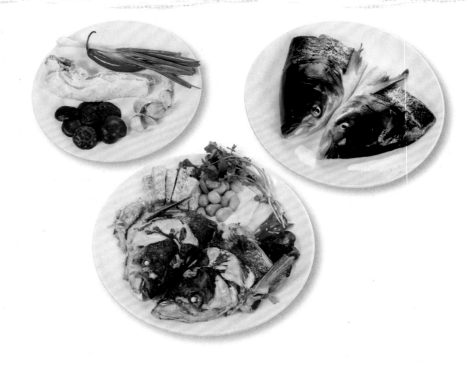

制法

1. 将松鱼头去鳃洗净，用精盐3克搓匀，撒上生粉。

2. 烧热炒鼎，下生油烧至油温220℃时，放入鱼头炸至呈金黄色，倒入笊篱里沥去油。

3. 芋头切块，用油炸熟，蒜头炸至金黄色。

4. 把猪肉丁、香菇粒、红椒丁下鼎炒香，加入绍酒、酱油、二汤、蒜头、姜米、鱼头，加盖用小火炆5分钟，再加入芋头炆10分钟，把鱼头盛入餐盘，其余原汁留在鼎中，加入味精、湿生粉、麻油勾芡，淋在鱼头上面即成。

红炆海鳗

原料

海 鳗	800克	湿香菇	15克
猪肚肉	75克	蒜 头	50克
上 汤	150克	红辣椒	5克
味 精	6克	精 盐	5克
白 糖	5克	酱 油	10克
麻 油	5克	胡椒粉	0.2克
生 粉	5克	生 油	750克（耗100克）
生 姜	10克	料 酒	适量

制法

1 先将海鳗肉洗净，用刀切成5厘米×2.5厘米块状，放入酱油和少许清水，然后搅拌均匀，再撒入生粉搅匀待用。

2 将炒鼎洗净，烧热放入生油，候油温至180℃时把鱼块投入油内炸，炸至金黄色时捞起待用，再把香菇、猪肚肉、蒜头均切成丁状，红辣椒和生姜切成指甲片落鼎爆炒过，再加入上汤，然后将已炸好鱼块投入鼎间，再投入料酒，先用旺火滚开，再用慢火炆6分钟即可。

3 把炆好的鳗鱼块装排在大碗间，并把香菇、猪肚肉、蒜头及汤汁淋在鱼块面上。放入蒸笼炊15分钟取出。倒扣在盘间，再把汤汁倒入鼎内，勾芡淋在上面即成。

红炖海螺

原料

净角螺（也可用其他海螺）　600克
草菇或湿香菇　50克

火腿肉	20克	粗　骨	150克
猪肚肉	250克	精　盐	5克
味　精	4克	蚝　油	5克
上　汤	500克	姜	5克
葱	5克	芫荽头	5克
胡椒粉	0.2克	麻　油	3克
菜　心	150克		

特点　鲜醇嫩滑，浓香入味。

制法

1. 先将角螺打破、取肉，擦洗干净，用滚水滚过待用。把粗骨斩块和猪肚肉切成大块，一起用滚水滚，火腿肉切成几片待用。

2. 把竹篾片垫在高压锅底，然后放入螺肉，倒入上汤，再将粗骨、猪肚肉盖上，把火腿片、精盐、姜、葱、芫荽头一起放入，将盖盖密，先用旺火煲滚上气，后转中火煮20分钟，关火，待其冷却。

3. 将草菇或香菇用油炸过，菜心炒过，将已压好的螺肉和汤汁取出，放入炒鼎，同时把草菇放入，加入味精、麻油、蚝油、胡椒粉煮滚，用少许生粉水勾芡盛入盘中，四周用菜心伴边即成。

干炸虾筒

原料

明　虾	12只（约300克）		
熟瘦火腿	25克	浸发香菇	25克
去壳鸡蛋	75克	猪肥肉	100克
面　粉	50克	面包麸	100克
精　盐	3.5克	味　精	3.5克
胡椒粉	1克	麻　油	5克
生　油	1 000克（耗100克）		

特点

此菜形如筒状，外酥香，内鲜嫩，虾味浓郁而甘香。

制法

1. 将猪肥肉放入沸水锅煮熟,取出冷却。把明虾去掉头、壳、肠,洗净晾干后,加入味精、精盐各2克拌匀,约腌2分钟后,逐只用刀划开背部使之成片,以平刀轻拍一下。将猪肥肉、香菇均切成长3厘米,宽、厚各1.5毫米的条(各12条),加入精盐、味精各1.5克拌匀。火腿也切成同样大小的12条。

2. 将虾肉开口处向上,逐片摊开,把猪肥肉、火腿、香菇各1条横放在虾上面,从尾部向内卷成筒形,逐个粘上面粉,用已搅匀的鸡蛋液涂匀,再粘上面包麸。

3. 用中火烧热炒鼎,下生油烧至油温160℃时,放入虾筒后端离火口,炸浸约5分钟呈金黄色至熟,倒入笊篱沥去油;再将炒鼎端离火口,下麻油、胡椒粉,倒入虾筒炒匀上盘,以潮汕甜酱佐食。

煎寸金虾

原料

虾　胶	300克	猪肥肉	50克
韭　黄	50克	湿香菇	15克
精　盐	4克	味　精	5克
生　粉	25克	上　汤	150克
豆腐皮	6张	生　油	1 000克（耗100克）
荸荠（去皮）	50克	胡椒粉、麻油、生粉水　各少许

特点

色泽金黄，
酥香可口。

 制法

1. 将猪肥肉、香菇、韭黄、荸荠切成粒，和虾胶一起调入味精、精盐拌匀制成馅，分成12份，将豆腐皮用湿布两面擦过，在砧板上切成12块，每块10厘米宽的四方形，并包上馅成长方形待用。

2. 用旺火烧热炒鼎下油，候油温至180℃时，将包好的寸金虾砌于鼎中煎炸至金黄色，放入上汤煮熟，砌进餐盘中，调入胡椒粉、麻油、生粉水勾芡淋上便成。

干炸大蚝

原料

净生大蚝	750克
川　椒	5克
葱　白	10克
精　盐	25克
味　精	20克
麻　油	5克
脆　浆	300克
姜汁酒	25克
花生油	1 000克（耗75克）

制法

1　将生大耗洗净，先用姜汁酒飞水，再用川椒、葱白、精盐、味精、麻油腌制后待用。

2　用旺火烧热炒鼎，下花生油，候油温至200℃时，端离火位；将腌制过的生大蚝逐粒粘上脆浆落鼎后，端回火位；用中火浸炸至浅金黄色（油温一般以控制在180℃至200℃为宜，如油温过高就容易出现外焦内生，油温过低也会出现浆泻而不起），转用旺火略炸至身硬捞起，摆砌上盘。上席时跟上淮盐、喼汁。

干炸鱼盒

原料

草鱼肉	300克		猪瘦肉	150克
鸡 蛋	2个		湿香菇	15克
面 粉	50克		方鱼末	5克
胡椒粉	2克（其中1克制作成胡椒油）	精 盐	15克
味 精	5克		姜	5克
葱	5克		生 油	500克（耗100克）

 制法

1. 将草鱼肉用刀切成厚片，再把鱼厚片中间片开（鱼片一边要相连），腌入姜、葱和味精2克、精盐2克后待用。

2. 把猪瘦肉剁成茸，香菇切成细粒，和入以上味料、鸡蛋白，拌匀成馅酿入鱼片中间，撒上面粉待用。

3. 将炒鼎上火，倒进生油，候油温至180℃时逐件放入鼎炸至金黄色捞起，摆进餐盘淋上胡椒油。上菜时要配上甜酱2碟。

干炸虾枣

原料

鲜虾肉	400克	熟瘦火腿	10克
猪肥肉	50克	韭 黄	15克
鸡蛋（去壳）	75克	荸荠（去皮）	75克
芫荽叶	10克	酸甜菜料	100克
面 粉	50克	精 盐	5克
味 精	5克	麻 油	0.5克
生 油	1 000克（耗100克）		
川椒末	0.5克		

制法

1. 将虾肉洗净，吸干水分，剁成虾泥，火腿、猪肥肉、韭黄、荸荠均切成细粒。将虾泥、猪肥肉、韭黄、荸荠粒放入瓦钵，加入精盐、味精、川椒末、鸡蛋液、火腿拌匀后，下面粉拌匀成馅料。

2. 用中火烧热炒鼎，下油烧至油温120℃时，端离火口，把馅料挤成枣形（每粒约20克），放入油鼎后端回炉上，炸浸约10分钟呈金黄色至熟，倒入笊篱沥去油。

3. 将麻油放入炒鼎，随即倒入虾枣炒匀上盘，把酸甜菜料和芫荽叶镶在盘的四周即成。食时佐以潮汕甜酱或桔油。

酸甜琉璃蟹

原料

鲜活肉蟹	500克	菠萝肉	100克
生 粉	50克	白 醋	15克
白 糖	150克	葱 段	10克
生 姜	5克	红辣椒	5克
猪 油	25克	精 盐	7克
生 油	750克（耗100克）		

特点

色泽透亮，味道酸甜，口感酥脆，该菜品是潮汕传统名菜。

制法

1 先将活蟹刷洗干净，晾干水分，再切去其边缘，斩成蟹块，用不锈钢盆装着，加入精盐、生粉一起拌匀，待用。

2 将菠萝肉切成指甲片状，红辣椒切成小片，生姜切成米粒状。

3 炒鼎洗净，放入生油，候油温至160℃时，把已晾干水分和已拌上生粉的蟹块投入油内，用中火炸至蟹壳呈现红色时，将蟹块倒入笊篱。

4 将热油倒回鼎内，候油温至180℃时，把已炸过的蟹肉块，返投入油中炸，炸至酥脆时，再把蟹肉带油倒入笊篱。

5 将炒鼎端回炉上，然后把姜粒、红椒片炒香，再投入菠萝片、白醋、白糖炒均匀，用少量生粉水勾芡，把已炸好的蟹块，在鼎内推炒并加入猪油（也称包尾油），再装入餐盘即成。

炸豆腐鱼

原料					
鲜豆腐鱼	600克		精　盐	5克
味　精	5克		生　粉	30克
自发粉	100克		鸡　蛋	2个
胡椒粉	0.1克		麻　油	1克
川椒末	0.2克		生　油	750克（耗100克）

制法

1 将豆腐鱼去头和肠肚，洗净，放入冰箱稍冻硬身，取出，用刀起出中间的鱼骨，形成整片鱼肉，然后每条鱼切成四至五件，用大碗盛着，加入精盐、味精、胡椒粉拌匀，再放入冰箱冻10分钟，取出，每件拍上生粉，再加入鸡蛋液拌匀待用。

2 将鼎烧热，放入生油，候油温至200℃时，把已腌制好的豆腐鱼，每件蘸上自发粉，放入油鼎中炸至金黄色，待熟透捞起，盛在盘中，撒上川椒末即成。

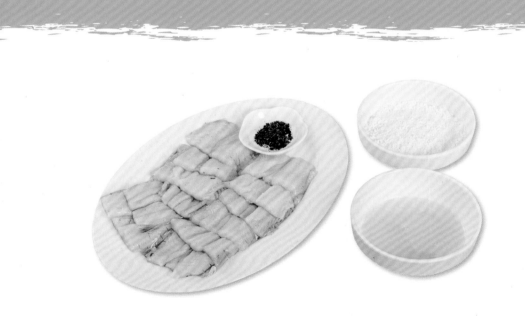

煎佃鱼烙

原料
豆腐鱼（即佃鱼）　500克
蒜　茸　50克
生　粉　150克
鱼　露　25克
味　精　7.5克
胡椒粉　0.1克
麻　油　1克

032

特点

柔软带稠度，
鲜嫩带香酥。

制法

1 先将豆腐鱼去头和肠肚，洗净放入冰箱冷冻，使鱼身稍硬取出，用刀起出鱼骨，每条切成二三段，用大碗盛着，加入鱼露、生粉、味精、胡椒粉、麻油拌匀待用。

2 将鼎烧热，加入少量生油，再将佃鱼倒入鼎内，抹平用中火煎，煎至一面稍硬脆，翻转另一面再煎，煎至稍硬脆，待熟透装入盘中，把蒜茸倒入鼎内炒至有香味，倒在佃鱼烙的面上即成。

炸荷包鲜鱿

原料

鲜鱿鱼	2条（约600克）		
糯 米	100克	叉烧肉	50克
湿香菇	10克	猪肥肉	25克
虾 米	15克	熟莲子	25克
青 葱	20克	生 柑	1个
味 精	5克	鱼 露	15克
胡椒粉	0.1克	麻 油	2克
酱油、生粉、胡椒油　各少许			

制法

1. 将鲜鱿头拉出（不要开刀），内腹冲洗干净，并将外膜脱净待用。

2. 先将糯米洗净，加少量水炊成糯米饭，然后把叉烧肉切成细粒加入。香菇、虾米、猪肥肉、莲子等分别放入鼎炒过，再调入味精、鱼露、胡椒粉、葱粒、麻油等制成八宝饭待用。

3. 将八宝饭料塞进鲜鱿筒内面，同鲜鱿头一起放入蒸笼炊3分钟，取出后用酱油和生粉抹在鲜鱿筒内外面，鱿鱼头也同样抹上酱油、生粉，一起放入油鼎炸至金黄色，取出，用刀切成若干块，砌成鱿鱼形状摆于盘中，淋上胡椒油，盘四周伴上芫荽叶点缀即成。

特点

鲜美酥香，

酥而不硬，

脆而不软。

潮汕蚝烙

原料					
鲜蚝仔	300克		鸭 蛋	2个
生 葱	20克		雪粉水	100克
猪 油	250克		味 精	1克
鱼 露	5克		辣椒酱	5克
胡椒粉	0.1克			

制法

1 先将鲜蚝仔用清水漂洗干净，用雪粉水调匀，并将生葱切成小粒放入，同时加入味精、胡椒粉、鱼露搅匀待用。

2 用旺火烧热平鼎有足够热度后，加入少许猪油，将蚝仔、雪粉水混合成浆状，用匙调和后下鼎，再把鸭蛋去壳打散淋在上面，加入猪油煎，并配入辣椒酱调味，用铁勺在鼎里把蚝烙切断分块，再用勺翻转，四周加入猪油，继续煎烙，煎至上下两面酥脆，并呈金黄色，伴上芫荽叶，盛入盘即成。

特点

色泽金黄，
肉质鲜嫩，
外带酥香，
美味可口。

炸金钗蟹

原料				
肉　蟹	500克		猪瘦肉	100克
虾　肉	100克		猪肥肉粒	50克
鸡　蛋	1个		荸荠粒	25克
湿香菇粒	15克		面包麸	50克
生　粉	5克		精　盐	5克
味　精	3克		姜　末	2克
生　油	750克（耗100克）			

制法

1. 将肉蟹洗净去钳，用刀斩成20块，用姜末拌匀待用，将虾肉制成虾胶。

2. 将猪瘦肉剁成茸和入猪肥肉粒、荸荠粒、香菇粒、虾胶、生粉、精盐、味精搅拌均匀，分别酿在肉蟹块上，再将面包麸贴在上面。鸡蛋液用筷子搅匀，烧热炒鼎，放入生油，然后把肉蟹逐件蘸上鸡蛋液后再蘸上面包麸，放入油鼎熘炸，约5分钟后用漏勺捞起，盛入盘中，摆砌整齐，用绿樱桃点缀即成。上席时配上浙醋、噫汁各2碟。

炸网油鱼

原料

石斑鱼肉	300克	猪瘦肉	150克
鸡　蛋	2个	湿香菇粒	30克
鲜虾肉	50克	方鱼末	10克
网　油	250克	味　精	5克
精　盐	5克	胡椒粉	0.1克
麻　油	2克	面　粉	50克
姜、葱、芹菜粒　各5克			

外酥香，
内嫩滑。

特点

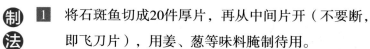

制法

1　将石斑鱼切成20件厚片，再从中间片开（不要断，即飞刀片），用姜、葱等味料腌制待用。

2　将虾肉、猪瘦肉分别打成虾胶和剁成茸，掺入香菇粒、芹菜粒、方鱼末、味精、精盐、胡椒粉、麻油拌成馅料，并加面粉搅匀，酿入片开的鱼片中间，逐件包上网油，撒上面粉，粘上鸡蛋白，下油炸熟即成。食时跟上甜酱。

酥炸虾饼

原料					
沙 虾	400克		青 葱	50克
精 盐	5克		五香粉	0.2克
生 油	30克		自发粉	150克
清 水	100克		白 醋	150克
白 糖	150克		辣椒酱	250克
番茄酱	50克		麻 油	5克
生粉水	30克		生 油	1 000克（耗150克）

制法

1. 先将沙虾的头和尾用剪刀剪掉小部分，加入精盐、青葱粒、五香粉拌匀，先腌制5分钟，然后加入自发粉、生油30克，用清水拌匀，成虾饼浆待用。

2. 将鼎烧热，放入生油，候油温至180℃时，把虾饼浆淋在鼎铲上，逐件放入油鼎炸至酥脆，并且熟透呈金黄色捞起，用刀切成日字形件摆砌于盘间，盘边要点缀。

3. 把白醋、白糖、番茄酱、辣椒酱放入鼎内煮滚，用生粉水勾芡，最后加入麻油，用小碗盛着，跟虾饼一起上席即成。

特点 味香鲜嫩，是传统佳肴。

生炒虾松

原料

鲜熟虾肉	250克	荸荠	150克
湿香菇	15克	韭黄	25克
火腿	10克	味精	2.5克
胡椒粉	0.5克	猪油	100克

香菜叶、薄饼皮　各20张（每张直径为8厘米的圆形）

制
法

1 先将虾肉切粒，香菇、荸荠、韭黄都切成粒，火腿切末待用。

2 烧热炒鼎，放入猪油，把物料下鼎炒匀，调入味料即炒即起（调味料要先兑在碗里），盛在盘里撒上火腿末即成。上菜时跟上香菜叶、薄饼皮和浙醋、酱料。

生炒鱼面

原料				
鱼　肉	400克	猪肉丝	50克
湿冬菇	25克	方鱼末	5克
生　葱	5克	豆芽菜	100克
味　精	5克	精　盐	5克
胡椒粉	1克	料　酒	10克
麻　油	1克	湿生粉	30克
上　汤	50克	薯　粉	50克
笋	60克	芹　菜	100克
生　油	1 000克（耗100克）		

制法

1　将鱼肉用刀刮下剁成鱼肉茸，去净筋，盛在盆内，加入味精、精盐，用力揉搓成团。将薯粉用布包扎，然后将鱼肉压扁，扑上薯粉，放在砧板上，用木棍碾成大薄片，放入滚水锅里泡一下捞起，用清水漂净晾干水分后，用刀切成丝，拉开成面条样。

2　将冬菇、笋、芹菜均切成丝，豆芽菜洗干净，另用一只小碗，加入味精、精盐、胡椒粉、料酒、湿生粉和少许上汤，调成芡汁待用。

3　烧热炒鼎倒入生油，待油烧至七成热时，投入肉丝炒散，随即将鱼面倒入热油中熘一下，即倒入笊篱沥干油分，在原热鼎内放入少许油，投入冬菇丝、豆芽菜、笋、芹菜丝一起炒香，再将猪肉丝、鱼面投入，烹入料酒，倒入芡汁，颠翻几下，起鼎装盘，撒上方鱼末即成。

炒麦穗鲜鱿

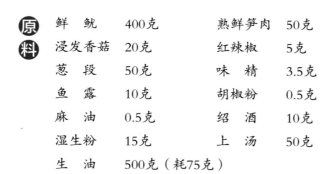

原料

鲜　鱿	400克	熟鲜笋肉	50克
浸发香菇	20克	红辣椒	5克
葱　段	50克	味　精	3.5克
鱼　露	10克	胡椒粉	0.5克
麻　油	0.5克	绍　酒	10克
湿生粉	15克	上　汤	50克
生　油	500克（耗75克）		

制法

1. 将鱿鱼洗净，用竖刀从头部右上方起斜着向下方至尾部刻斜纹（刀距2~3毫米）；把鱿鱼掉转，再由尾部右上方起斜着刀向下切斜纹，每距3厘米切出一块。把香菇、红辣椒切块。笋肉刻花后，切成2毫米厚的片。

2. 将上汤、味精、鱼露、胡椒粉、麻油和湿生粉7.5克调成芡汁。再把湿生粉7.5克和鱿鱼拌匀。

3. 笋花放入沸水锅里焯约1分钟，倒入漏勺沥去水。

4. 用中火烧热炒鼎，下油500克，烧至油温160℃时，放下鲜鱿过油约半分钟，倒入笊篱沥去油。炒鼎放回炉上，下油15克，放入葱、笋、香菇、红辣椒略炒，加入鲜鱿，放入绍酒，用芡汁勾芡，最后包尾油炒匀上碟即成。

炒桂花鱿

原料

湿鱿鱼	200克	猪瘦肉	100克
鸡蛋	3个	香菇	10克
葱珠	10克	猪油	100克
香菜叶（碗大）	20叶	川椒末、味精、精盐	各少许

特点 香脆爽口，其味甚佳。

制法

1. 先将鱿鱼、香菇切成细丝，猪瘦肉剁成茸，再将3个鸡蛋磕开盛在碗里，加入川椒末、味精、精盐，接着掺入鱿鱼、香菇、肉茸用竹筷搅匀待用。

2. 候油鼎热时放入猪油，把拌匀的料放入炒鼎炒匀至熟，盛入餐盘，上菜时配上一小盘香菜叶。

特点 口感爽嫩，味道鲜美。

生炒鱼片

原料

草鱼肉	300克	熟笋肉	150克
湿香菇	10克	姜片	5克
葱段	5克	红辣椒	5克
鸡蛋	1个	精盐	5克
味精	5克	白酒	0.2克
麻油	2克	生油	500克（耗75克）

制法

1. 先将草鱼肉去皮，洗净。用刀片成"日"字片状，用少量精盐、味精、白酒、姜、葱拌匀腌制5分钟后把姜、葱取掉，放入蛋白拌匀待用。

2. 笋肉切成"日"字方片状，红辣椒切小片，葱切段，香菇切片，然后将鼎烧热放入生油，候油温至180℃时将鱼片投入油鼎炸过，即捞起（要保持鱼片的白色），将油倒出，再将笋片、红辣椒片、香菇投入鼎略炒几下，即投入鱼片、葱段，将已备好的调味生粉水倒入，将鼎翻二三次即成。

茄汁虾碌

原料

沙 虾	500克	姜 米	5克
葱 珠	5克	红 椒	1克
猪 油	100克	番茄汁	50克
上 汤	20克	白 糖	20克
精 盐	10克	生粉水	10克

特点 色泽鲜艳，虾肉香嫩爽口。

制法

1　用剪刀将虾头、须、尾剪干净。剪刀尖挑去虾肠，洗净滤干，放在砧板上用斜刀切块（大的切成3块，小的切成2块）。

2　烧热炒鼎，放入猪油，油热时将虾炸过捞起。起鼎放入虾，和入姜、葱、红椒、番茄汁、白糖、精盐、上汤少许，一起炆5分钟后，用生粉水勾芡炒匀即成。

特点

肉嫩香滑，
蒜味浓郁。

油泡鳝鱼

原料

净鳝鱼肉　600克

蒜　末　100克

生　油　500克（耗100克）

真珠花菜叶（可用香菜叶代替）　25克

姜、红椒末、味精、胡椒粉、精盐、雪粉　各少许

制法

1. 先将净鳝鱼肉用斜刀刻花纹，再用斜刀切块后蘸上薄味料抓匀待用。

2. 炒鼎烧热，倒下生油，候油热时把鱼放入鼎里熘炸过捞起，把蒜末放入鼎里炒至金黄色，把鳝鱼倒进鼎里和入味料即炒即起（先兑好味料）。

3. 用真珠花菜叶下油鼎炸后捞起，砌镶在盘边即成。

特点

鲜嫩，脆香，具有浓郁蒜香味。

油泡鱼册

原料

鱼 肉	300克	火 腿	100克
湿冬菇	75克	笋	125克
芹 菜	50克	鸡 蛋	2个
味 精	5克	精 盐	5克
胡椒粉	1克	湿生粉	35克
上 汤	50克	蒜 末	50克
生 油	1 000克（耗100克）		

制法

1 将鱼肉刮下剁成鱼肉茸，去净筋盛在盆中，放入味精、精盐拌和，使劲地搅匀至有黏性时待用。将火腿、冬菇、笋、芹菜均切成条，然后将打好的鱼肉取一小团放在砧板上，用刀拍压成小薄片，上面放上火腿、冬菇、笋、芹菜条卷起来，制毕后用刀切平两头，便成鱼册。把蛋白放在碗内，加入湿生粉，拌和成蛋粉浆待用。

2 用一只小碗，加入味精、精盐、胡椒粉、湿生粉和少许上汤拌和，调成芡汤待用。

3 烧热炒鼎倒入生油，待油烧至七成热时，将鱼册拖上蛋粉浆投入油鼎拉一下油倒出，沥干油分。炒鼎下猪油，把蒜末炒至金黄色，倒入鱼册，烹入料酒和小碗内的调料，颠翻几下，取出装盘即成。

油泡鲜鱿

原料

鲜鱿鱼（去头）　　500克

蒜　末　　100克

味　精　　10克

生　油　　1 000克（耗150克）

红椒末、胡椒粉、麻油、生粉水　各少许

特点 爽脆香滑，滋味浓郁。

制法

 先将鲜鱿鱼用清水洗净去膜后，拿上砧板用斜刀刻横直花纹，切成三角块，盛在碗里，蘸上生粉水和味料待用。

2 将鲜鱿鱼放入油鼎用温油熠炸捞起，把蒜末、红椒末放入鼎炒至蒜末变成金黄色。

3 将鱿鱼倒进鼎里，用手勺推动，再加入味料（味料要先兑在碗内淋入），即炒即起。

古法炊鱼

原料

鲜草鱼肉	1 000克	猪肥肉	100克
香菇	10克	咸菜	20克
姜	5克	红辣椒	2.5克
芹菜	50克	麻油	2克
胡椒粉	1克	精盐	10克
味精	5克	生油	50克

制法

 将草鱼肉去鳞洗净，用洁布吸干鱼身内外水分，将姜、猪肥肉、香菇、咸菜、红辣椒、芹菜等切丝待用，将上述料丝加入适量精盐、麻油、胡椒粉腌制待用。

2 在鱼肉抹上精盐，并在鱼肉上铺上腌制好的姜丝、猪肥肉丝、香菇丝、咸菜丝、红辣椒丝、芹菜丝，将铺好料的鱼肉放入蒸笼以猛火炊熟后取出。烧鼎热油，将热油淋在鱼上即成。

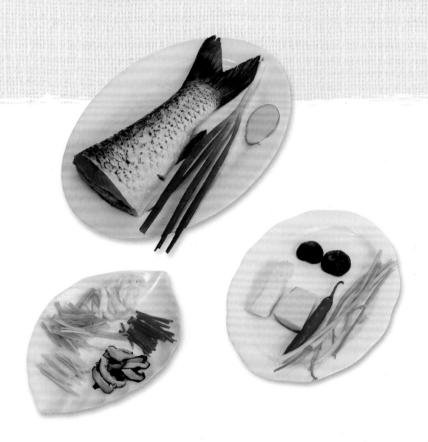

酸菜白鳝

原料

白　鳝	600克	猪排骨	150克
酸咸菜叶	300克	湿香菇	150克
葱　条	5克	姜　片	5克
上　汤	1 000克	绍　酒	10克
味精、精盐	各5克	胡椒粉	少许

特点 汤清味鲜，肉嫩软滑。

 制法

1 将宰净的白鳝切段（每段3厘米），猪排骨切段（每段3厘米），酸咸菜叶洗净待用。

2 将白鳝放入沸水锅焯熟捞起，洗净脱去间骨，然后用酸咸菜叶逐块包成"日"字状，包紧，将排骨用滚水漂洗，一起放入炖盅内，放入姜片、葱、精盐、味精，再加入上汤，放入蒸笼用旺火炊40分钟左右取出。

3 上席时，把姜、葱取出，放入煮好的香菇，调入味精、胡椒粉即成。

酸梅乌鱼

原料

乌　鱼	1条（约500克）
酸咸菜	100克
酸　梅	25克
姜　丝	3克
青葱丝	3克
红椒丝	2克
猪肥肉丝	50克
二　汤	750克
味　精	5克
麻　油	1克
精　盐	少许

制法

1. 先将乌鱼开腹洗净，抹上少许精盐，腌制约20分钟，然后放入蒸笼，炊熟待用。

2. 先将酸咸菜切片，酸梅脱核，然后把二汤放上鱼盘，将酸咸菜片垫底，再把鱼放在咸菜上，撒上姜丝、猪肥肉丝、葱丝、红椒丝、味精、麻油等，生火煮熟即成。

酸甜玉米鱼

原料

草鱼肉	2大片（约450克）		
生 粉	100克	姜 片	10克
葱	15克	酒	5克
白 糖	120克	白 醋	50克
番茄汁	50克	精 盐	2克
麻 油	5克	白菜头	2棵
生 油	1 000克（耗100克）		

特点

造型美观，形似玉米，酸甜酥香。

制
法 先将鱼肉洗净，鱼皮面向砧板，用刀在鱼
肉上先划垂直几刀，每刀行距约1.2厘米，
再用横刀划同等距离，然后用葱、姜、精
盐、酒腌制约5分钟待用。

2 将白菜头用滚水滚过捞起待用，再将鼎烧
热，放入生油，候油温至200℃时，将鱼
肉蘸上生粉放入鼎中油炸，炸至金黄色捞
起，摆于盘中，再把白菜头插放在鱼肉较
大的一方，形成玉米形状。

3 把白醋、白糖、番茄汁放入鼎内煮滚，用
生粉水勾芡，再加入麻油搅匀，淋在玉米
鱼身上即成。

鲜沙鱼冻

原料

鲜沙鱼肉	1 000克	琼　脂	40克
鱼胶粉	10克	上　汤	1 000克
生　姜	20克	青　葱	10克
红辣椒	5克	猪　油	50克
精　盐	8克	鱼　露	10克
味　精	10克		

特点

鲜明透亮，
嫩滑细润，
口感鲜美。

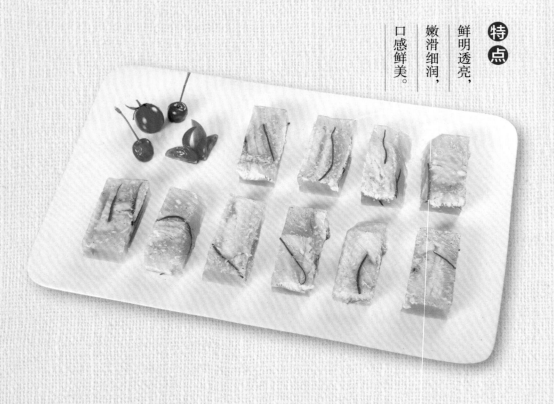

制法

1　将琼脂用清水漂洗干净，用汤盆盛着，用清水浸2小时，待用。

2　将鲜沙鱼肉用清水洗净，特别要洗掉鱼血及杂质，然后用刀切成条片，顺着鱼的横身切成每片约6厘米×12厘米，盛在汤盆里，加入精盐5克、味精5克，生姜用刀拍破，青葱切段一起搅拌均匀，腌制10分钟，待用。

3　用不锈钢锅装清水800克、上汤1 000克，并将已浸透的琼脂捞干放入锅中，用慢火煮滚，滚至琼脂全部溶解时，把鱼胶粉盛放在碗中，将200克清水冲入鱼胶粉中，搅拌均匀，倒入已煮好的琼脂汤中，加入味精5克、精盐3克、鱼露10克。搅均匀再过滤到另一个汤盆，待用。

4　将炒鼎洗净，烧热，放入猪油50克，然后把已腌制好的沙鱼肉投入炒制，要用炒鼎铲轻轻地炒至熟透盛起待用。

5　用一个9寸不锈钢方盘，盘底抹上油，将已煮好的琼脂倒入，再把炒熟的沙鱼肉均匀分布在整个盘间。把红辣椒切成细丝，分布在中间，用保鲜膜密封后放入冰柜，冻至凝结，待用。

6　将已冻结好的沙鱼冻，用刀切成"日"字形状摆缀在餐盘间，即成鲜香嫩滑的鲜沙鱼冻。

竹笙鱼盒

原料

鲜鱼肉	300克	猪瘦肉	150克
鲜虾肉	100克	湿香菇	10克
芹 菜	10克	方鱼末	10克
鸡 蛋	1个	湿竹笙	30克
上 汤	500克	味 精	8克
精 盐	8克	胡椒粉	0.1克
麻 油	2克		

制法

1 先将鱼肉切成厚片，再用刀在厚鱼片的中间片开（鱼片的一边要相连勿断）。

2 将猪瘦肉和虾肉用刀剁成茸，和入味精、精盐、胡椒粉、麻油各一半，再把香菇切碎，和芹菜末、方鱼末、鸡蛋白投入搅匀成馅，逐件酿入鱼片中，摆在盘里放入蒸笼约炊8分钟便熟。

3 把竹笙改段，加入上汤慢火滚5分钟，然后捞起，放入大汤窝，把已炊熟的鱼盒排在竹笙上面，再将上汤煮滚调入味精、精盐、胡椒粉、麻油，沿壁边灌进汤窝里即成。

潮汕大鱼丸

原料

鱼　肉	400克	精　盐	10克
味　精	15克	胡椒粉	1克
麻　油	1克	生　菜	50克
紫　菜	5克	鸡　蛋	2个
上　汤	500克		

选料可取淡水鱼和咸水鱼，淡水鱼用鲢鱼、鲮鱼，咸水鱼取"那哥""淡甲"鱼

制法

1 把鱼肉放入绞肉机绞成鱼茸，盛入木盆中，加入鸡蛋白、精盐、味精和清水75克拌匀，用手搅约15分钟至鱼胶粘手不掉，再用手捏成鱼丸（约50粒），放入温水中浸，然后连水放入锅中，先以旺火煮至水温70～80℃后转为小火，至水温将滚开时捞起。

2 将上汤下鼎煮沸，放下鱼丸，滚至浮起为度，然后盛入汤盅，加入紫菜、香菜、味精、胡椒粉、麻油调味即成。

芙蓉海胆

原料

鲜牛奶	400克	鸡蛋白	300克
海胆膏	200克	粟　粉	30克
火　腿	15克	榄　仁	75克
精　盐	7克	味　精	8克
猪　油	100克		

特点 造型美观，芙蓉红白相映，味道鲜美，口感绵软、香醇。

制法

1 先将鲜牛奶用不锈钢锅煮滚，候凉待用。火腿切细粒炒香，榄仁用油炸至酥，待用。

2 将炒鼎洗净烧热，放入猪油20克，稍烧热，放入海胆膏，加入精盐2克、味精1克，把海胆膏慢火炒熟，盛起待用。

3 将牛奶100克和粟粉一起搅匀，再把鸡蛋白用筷子打搅均匀，和牛奶、粟粉浆再搅，接着将300克牛奶逐步加入，边加入边搅，直至牛奶加完，用不锈钢筛过滤。

4 将炒鼎洗净，稍烧热，放入猪油20克，将已过滤好的牛奶浆倒入，用慢火铲，边铲边从四周铲往炒鼎中心，铲均匀，逐渐铲成堆。铲至全部成为芙蓉状堆，即盛上餐盘。先撒上榄仁，再把火腿粒撒在周围，最后把已炒好的海胆放在芙蓉中间，即成芙蓉海胆。

特点

清鲜香滑，
入口爽嫩。

清干贝丸

原料

干　贝	30克	鸡胸肉	100克
鲜虾肉	150克	猪肥肉	25克
火腿末	25克	荸荠肉	25克
上　汤	750克	鸡　蛋	1个
精　盐	2.5克	胡椒粉	0.5克
味　精	5克		

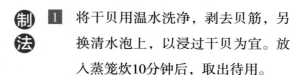

制法

1. 将干贝用温水洗净，剥去贝筋，另换清水泡上，以浸过干贝为宜。放入蒸笼炊10分钟后，取出待用。

2. 将鸡胸肉剁成茸，虾肉打成虾胶，放入精盐、味精、胡椒粉，再将干贝撕丝与鸡茸、虾胶拌匀，加入猪肥肉末、荸荠末挤成24粒丸盛在盘里，上面撒上火腿末，放入蒸笼用旺火炊8分钟。

3. 取出盛入汤盅，灌入上汤即成。

鱼露虾球

特点

色泽鲜艳，质地绵软，口感酥脆，具有鱼露特有香味。

 原料

大只沙虾	20只
鱼 露	80克
金瓜肉	200克
味 精	5克
生 粉	100克
鸡 油	50克
生 油	750克（耗100克）

制法

 1 先将大沙虾去壳、留尾，用刀片开，去掉虾肠，洗净，用洁白布吸干水分，再在虾肉身上进行花刀，待用。

2 将金瓜肉切成小块，炊熟，趁热压成瓜泥，待用。

3 把已花好的大虾，每条分别粘上生粉，整条虾粘均匀。再将炒鼎洗净，烧热，放入生油，待油温至180℃时，将虾投入油鼎内炸，炸至熟透且酥脆，然后分别摆在10位餐盘上，每位2只虾。

4 把金瓜泥和鱼露放鼎间，用慢火煮均匀，再加入鸡油搅拌均匀，分别淋在已炸好的虾球上即成。

色泽洁白，具芙蓉状；

味道清鲜，口感绵润。

该菜是传统菜品。

炒芙蓉蟹

原料				
净肉蟹	500克	鸡蛋白	5个
熟　笋	50克	湿香菇	15克
猪　油	120克	精　盐	7克
味　精	7克	生姜片	5克
青　葱	5克	川椒末	2克
生　粉	10克		

制法

1. 先将肉蟹洗净，切块，然后加入精盐3克、味精3克，腌拌均匀，放上姜片、青葱。放入蒸笼炊10分钟，取出，把姜、葱去掉，蘸上生粉搅匀待用。

2. 把熟笋、香菇切成大拇指指甲片大小，略炒过。再将鸡蛋白盛于碗间，调入精盐、味精各4克，搅拌均匀，然后加入已炊好的肉蟹、熟笋片、香菇片，搅均匀待用。

3. 将炒鼎洗净，烧热，放入猪油，然后倒入已调好的鸡蛋白和蟹块，进行炒制，炒至鸡蛋白呈芙蓉状时，可盛上餐盘。再把川椒末撒在周围，即成炒芙蓉蟹。

特点 味道鲜美。馅肉爽滑，

上汤鱼饺

原料					
鲜鱼肉	400克		鲜虾肉	75克
猪瘦肉	200克		方　鱼	25克
鸡　蛋	1个		生　菜	50克
芫　荽	10克		猪　油	25克
味　精	7.5克		鱼　露	10克
上　汤	1 000克		精　盐	5克
胡椒粉	少许			

将鲜鱼肉用刀刮净，去尽筋，剔去细骨，用力压拍成鱼茸，盛在木盆内，加入味精、精盐拌匀，用力猛打，打至有黏性时即可，成鱼肉胶待用。

2 将猪瘦肉剁烂，方鱼下油锅炸一炸，取出剁烂，与猪瘦肉一起拌和，加入鸡蛋、味精、精盐、猪油等拌和成馅料待用。

3 将鱼肉胶放在砧板上，用木棍碾薄，切成三角形饺皮，然后放入猪瘦肉、鲜虾肉的馅料，包成鱼饺。另用汤碗，将香菜洗净放在碗底待用。

4 炒鼎放入上汤，煮滚后将鱼饺投入，加入味精、鱼露、芫荽，用文火滚熟后，加入猪油，倒入汤碗内，撒上胡椒粉即成。

白汁鲳鱼

原料

鲳　鱼　　1条（约750克）

鲜牛奶　　100克　　　味　精　　4克

上　汤　　100克　　　猪　油　　50克

精　盐　　5克　　　　生　粉　　10克

姜、葱、料酒　各少许

特点　肉质清鲜，又有牛奶香味。

1　将鲳鱼去鳞，剖腹去肠、鳃，洗干净，用布抹干内外水分，然后在鱼身的两面划成花刀，抹上精盐2.5克，放入蒸笼炊12分钟，取出滤去原汁。

2　将上汤下鼎，加入味精、精盐2.5克和生粉水一起推匀，将鼎离炉，加入牛奶、猪油拌匀后再煮一下，淋在鱼上面。

特点 汤鲜浓香，肉嫩芋粉。

香芋鱼头炉

原料　大松鱼头（带腹）　1个（约800克）

净芋头　　500克　　　葱　段　　15克

薯　粉　　50克　　　　清　水　　1 000克

红辣椒片　10克　　　　味　精　　10克

精　盐　　10克　　　　麻　油　　5克

胡椒粉　　少许　　　　姜片（小片）　15克

生　油　　750克（耗100克）

制法

1. 先将鱼头剁成几大块，撒上薯粉，再将鼎烧热，放入生油，待油温至200℃时，把鱼头放入油炸，炸至熟透捞起待用。再将芋头切成厚片（1厘米×2厘米×4厘米），同时放入油鼎炸熟待用。

2. 把清水放入小鼎煮滚，然后放入已炸好的鱼头、芋头片，面上放姜片、红辣椒片、葱段，再放入精盐、味精、胡椒粉、麻油，待鱼汤滚几滚，闻到香味即成。

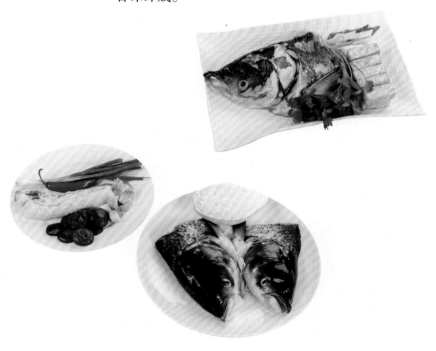

上汤龙虾面

原料

龙　虾	1只（约750克）		
细面条	250克	上　汤	1 000克
韭菜黄	100克	味　精	5克
精　盐	5克	生　粉	15克
胡椒粉	0.1克	生　油	1 000克（耗150克）
麻　油	2克		

特点

味道鲜美，

鲜嫩香滑。

制法 将龙虾洗净，用刀先将头与尾斩出，再将虾肉部分斩成若干块，同时蘸上生粉待用，后将龙虾头和尾放入蒸笼炊熟待用。

2 将鼎烧热放入生油，候油温至200℃时，将龙虾头尾肉放入炸熟捞起，把鼎中的油倒出，再把龙虾肉倒回鼎中，同时将细面条放入，再倒入上汤，加入精盐、味精，用中慢火炆，炆至面条稍软，便加入胡椒粉、麻油拌匀，盛入盘中，将面垫底，龙虾肉放其上，头和尾摆在两端，再把韭菜黄切成段，用鼎炒过，伴放在龙虾的周围即成。

酿金钱鳔

原料

干鳗鳔	100克	虾　肉	200克
猪瘦肉	100克	猪肥肉	25克
方鱼末	6克	味　精	6克
精　盐	6克	胡椒粉	0.2克
麻　油	2克	花生油	500克（耗75克）

特点

肉质嫩滑，浓香入味。

 制法

1. 将干鳗鳔用花生油炸发后捞起，用清水浸泡晾干，用刀切成长方块待用。

2. 把虾肉、猪瘦肉、猪肥肉打成胶掺入方鱼末、精盐、味精拌匀，然后酿入鳗鳔中间再摆放入餐盘里，入蒸笼炊7分钟。

3. 把原汁下鼎勾芡淋上即成。

芝麻鱼鳔

原料

油发鱼鳔	300克（湿）		
熟冬笋	100克	水发冬菇	50克
猪瘦肉片	30克	料　酒	10克
芝麻酱	25克	精　盐	7克
味　精	5克	上　汤	350克
湿生粉	30克	生　油	500克（耗50克）
葱、姜	各10克	猪　油	10克

特点

香鲜味浓，软滑可口。

 制法

1. 将发好的鱼鳔洗净，切成5厘米×1厘米的块，放入鼎中，加滚水和料酒焯一下捞出，用刀将冬笋剔成笋角，冬菇去蒂，洗净泥沙；肉片放在碗内，加些料酒、精盐、味精、湿生粉拌匀和上浆。

2. 烧热炒鼎放入生油，待油烧至六成热时，将肉片投入鼎内熘熟捞出；鼎内留少许油，先投入葱、姜炒香，烹入料酒、上汤、味精、精盐，炆7分钟左右，放入肉片，随即用湿生粉勾芡，淋入猪油；然后将芝麻酱用水调稀后徐徐倒入拌匀，待烧滚后起鼎装入盘中即成。

鸡茸海参

原料				
	猪皮1大张	250克		
	水发海参	750克	鸡胸肉	150克
	猪脊肉	150克	鸡蛋白	2个
	鸡　骨	200克	生　油	75克
	精　盐	10克	味　精	5克
	料　酒	25克	葱、姜	各10克
	胡椒粉	0.5克	上　汤	600克
	湿生粉	20克	猪肚肉	200克
	火腿末	10克		

1. 将发好的海参洗净，放入滚水中焯一下捞出，放入砂锅内（海参下面用竹篾片垫底）。将鸡骨斩成大块，同猪皮一起放入滚水中焯一下捞出，洗净血污，先把猪皮盖在海参上面。

2. 烧热炒鼎放入生油，投入葱、姜炒至呈牙黄色时，将鸡骨下鼎炒一炒，烹入料酒，加入猪肚肉、精盐、上汤、味精，待烧沸后倒入盛海参的砂锅内，盖上锅盖置于炉上用文火炖40分钟。

3. 将鸡胸肉、猪脊肉一起剁成茸，盛在碗内，加入鸡蛋白、精盐、味精、湿生粉和少量清水调稀。随后将砂锅取下，捞去鸡骨、葱、姜、猪皮，将海参取出，向上扣在碗内，倾入原汁。

4. 上席时将海参从蒸笼取出，将原汁沥入鼎内，加入精盐、味精，待烧滚后用湿生粉勾芡，再徐徐倒入肉茸推熟，撒入胡椒粉拌和，然后起鼎装入海参碗内，再覆入汤盘中，将肉茸淋上，撒上火腿末即成。

豆酱焗蟹

原料

肉　蟹	2只（每只约250克）		
蒜　头	100克	姜　片	10克
豆　酱	30克	味　精	2克
生　粉	20克	麻　油	3克
清　水	20克	生　油	1 000克（耗100克）

特点 咸香与蟹肉的鲜甜相融合，令人回味。

制法

1. 杀蟹，剥开蟹腹下方的脐，从脐部掀开蟹壳去掉里边的腮，用刷子刷去腮根部黑色物质，砍下两只蟹钳，在蟹钳中间关节部位下刀，将蟹钳分成两段，用刀背轻敲使蟹钳的壳裂开，切去嘴部跟蟹脚尖的绒毛，顺着蟹身骨架纹路正向切两刀，横向切一刀，将蟹身均匀地分成六块，蟹壳削平并去除胃部，将整只蟹杀好后，洗净晾干。

2. 蒜头切除头尾，放到三成热的油中，浸炸至色泽金黄表皮微干，捞起备用；在肉蟹上撒上薄薄一层生粉15克，下油锅拉油捞起备用。

3. 豆酱碾碎，倒入小碗中，加入清水20克、味精、麻油、生粉5克，调成对碗芡备用。

4. 炒鼎洗净倒入少量的油，用小火加热，放入姜片爆香，加入炸好的蒜头，把蟹摆在蒜头的上面，再将对碗芡均匀淋在蟹肉上面，盖上鼎盖，用小火焗3分钟（在焗的过程中适当旋锅防止烧底），起鼎装盘即可。

焗裟裟鱼

原料					
	石斑鱼肉	300克	鲜虾肉	400克
	猪肥肉	50克	鸡蛋	2个
	火腿片	30克	湿香菇	50克
	香菜叶	40克	味精	5克
	精盐	4克	网油	200克
	鸡蛋白	2个	唥汁	30克
	生粉	少许	生油	1 000克
	湿生粉	50克		

制法

1. 先将石斑鱼肉切成飞刀片状（即切成两片相连），厚度约5毫米，然后把鼎烧热，放入生油，候油温至200℃时，将鱼肉放入，炸熟捞起，把鼎里的油倒出，再把鱼肉放回鼎中，放入噲汁略煎后放在盘里候用。

2. 将鸡蛋去壳，搅匀，煎成蛋薄片，切成条，将香菇、火腿、香菜叶各切成片，再将肥肉切成幼粒待用。

3. 将鲜虾肉洗净，用纱布吸干水分，放在砧板上用刀拍扁剁碎，剁至有胶质。然后放入炖盅内，加入精盐、味精、鸡蛋白，用筷子打成虾胶。然后把猪肥肉粒投入再搅拌均匀。

4. 将网油洗净，摊放在砧板上，在网油面上撒少许生粉，再酿上一层薄虾胶（约7厘米×16厘米），在虾胶上面酿着鱼片，鱼片上面再酿上一层薄虾胶，虾胶面上放着火腿片、熟蛋白片、冬菇片、香菜叶，然后用网油包起，呈块状，用湿生粉封口，共做成2件，放入蒸笼炊熟待用。

5. 食时在鱼外皮上一层薄湿生粉，放在焗盘上进入焗炉焗至上色（也可用油炸后在鼎里焗），切件上碟便成。

鱼肉鲜嫩，豆腐清香。

豆酱煎煮鱼

原料

鲜钓鲤鱼	500克	普宁豆酱	60克
姜　丝	10克	葱　段	10克
味　精	5克	麻　油	3克
清　水	300克	红椒丝	5克
生　油	10克		

制法

1 先将鲤鱼刮去鱼鳞后，开腹去掉鱼鳃，洗净待用。

2 将炒鼎烧热，放入生油，把鲤鱼先煎一面，然后翻另一面煎至稍呈金黄色，放入普宁豆酱和300克清水，再放上姜丝，用鼎盖盖密，煮8分钟，揭开盖放入葱段、红椒丝、味精再煮一分钟，放入麻油即成。

色泽金黄，口感绵软，味道鲜美。

煎海胆饼

原料

净海胆膏	300克	鲜鱼浆	200克
鸡蛋液	150克	精盐	3克
味精	6克	鱼露	6克
胡椒粉	1克	猪肥肉	50克
生油	100克		

制法

1 先将海胆膏用清水漂洗干净，盛在汤盆中，再把猪肥肉用刀切成细粒状，同时放在汤盆中。

2 在鲜鱼浆中加入精盐、味精、鱼露、胡椒粉搅拌均匀，再加入鸡蛋液，搅拌均匀，后掺入海胆膏中搅拌均匀待用。

3 用一个不锈钢方格盒，抹上生油，把已调好的海胆浆倒入方格盒中，用手抹平，放在蒸笼炊15分钟，刚熟取出，待冷却后再把海胆饼切成棱形片状待用。

4 将平鼎洗净烧热，放入少量生油，将每块海胆饼放入鼎间煎制一面，然后再煎另一面，至两面金黄，即可装盘。

特点

鱼肉酥香，味道酸甜。

五柳鱼球

原料

草鱼（鲩鱼）　1条（600克）

醋　姜	15克	马蹄肉	50克
猪肥肉	25克	番茄酱	25克
葱　段	15克	红辣椒	10克
白　糖	200克	白　醋	40克
姜	2片	青　葱	2条
鸡蛋白	2个	精　盐	5克
绍　酒	5克	胡椒粉	0.1克
面　粉	40克	生　粉	100克

制法

1　先将草鱼肉片开两边，修平，切成三角块状。把醋姜、猪肥肉、马蹄肉、红辣椒、葱段等分别切丝待用。

2　把已经切好的鱼块，盛在盘内，放入姜、葱、精盐、胡椒粉、绍酒腌制10分钟，待用。

3　将生粉和面粉拌均匀，装在盘间，再把已经腌好的鱼球，去掉姜、葱，放入鸡蛋白，搅拌均匀，然后将每块鱼球粘上粉，拍干，使粉能粘着，待用。

4　烧鼎热油，候油温至200℃时，把已粘上粉的鱼球投入油中炸熟捞起，再将鱼球投入油中炸至酥脆，捞起待用。

5　将鼎里的热油倒出，放入醋姜、猪肥肉丝、马蹄肉丝，略炒。再入进白糖、白醋、番茄酱、红辣椒丝、葱丝，用生粉水勾芡，成酸甜五柳料，待用。

6　将已炸好的鱼球摆缀在餐盘中间，再把已煮好的酸甜五柳料，淋在鱼球上面即成。

特点
色泽鲜艳，
口感酥香。

南乳白鳝球

原
料

白　鳝	1条（约500克）		
南　乳	2块	蒜　茸	20克
绍　酒	2.5克	味　精	5克
麻　油	10克	鸡　蛋	1个
生　粉	100克	胡椒粉	0.5克
生　油	750克（耗80克）		

制法

1. 先将白鳝宰杀，去掉黏液，洗净用布抹干，起肉，再将鱼肉用花刀切法片后改成鳝球状待用。

2. 将南乳、绍酒、味精、胡椒粉、麻油一起搅匀，将鳝球放入，腌制约5分钟，再拌入鸡蛋白、生粉待用。

3. 将鼎烧热，先放入少许生油，把蒜茸放入，炒至成蒜茸油待用。再将油鼎洗净烧热，倒入生油，候油温至180～200℃时，把鳝球放入油鼎炸至熟透，盛在盘间，再把蒜茸油淋上即成。

五彩焗鱼

原料

鲜鱼肉	400克	鲜虾肉	100克
湿香菇粒	15克	熟莲子茸	10克
番茄丝	50克	猪肥肉丝	25克
猪网油	200克	洋葱丝	50克
红辣椒丝	5克	味精	5克
精盐	5克	胡椒粉	0.1克
麻油	2克	生油	1 000克（耗100克）
生粉	少许		

特点

色泽金黄，
外酥内嫩，
鲜香味美。

制法

 先把鱼肉片成12片，再将每一片鱼肉中间用刀片开（鱼片一边要相连勿断）待用。

2 用刀将鲜虾肉剁成茸、搅成胶，掺入香菇丝、猪肥肉丝、洋葱丝、红辣椒丝、番茄丝和熟莲子茸，调入精盐、味精、胡椒粉、麻油拌均匀，然后酿入鱼片中间，用猪网油包上，撒上薄生粉，放入焗盘（焗盘要在盘底扫上油）。

3 将已包好的鱼块放入焗炉，用200℃的温度焗8分钟即成，装盘。上席时跟上喼汁2碟。

特点

口感酥脆，
虾肉鲜嫩。

炸凤尾虾

 原料

沙 虾	300克	自发粉	150克
精 盐	5克	青 葱	10克
味 精	4克	麻 油	2克
花椒末	0.3克	胡椒粉	0.2克
生 油	780克（耗130克）		

制法

1. 先将沙虾去头，壳（留尾）洗净晾干后，把虾逐只剔去虾肠，用花刀切上几刀（即断其筋络）。装入碗内放精盐、味精、花椒末腌制5分钟待用。

2. 把自发粉放入碗内，再放清水100克，搅匀然后加入生油30克，再搅拌均匀，成脆浆待用。

3. 将炒鼎洗净，放入生油烧热，候油温至150℃时，将腌好的虾，吊其虾尾，逐只酿上脆浆放入油内炸，用中慢火炸至熟透，呈金黄色时捞起。沥干油分，将鼎内热油盛起，将已炸好的凤尾虾倒入鼎内加麻油、胡椒粉翻炒均匀即成，装盛盘间，上席时跟上桔油。

银杏水鱼

原料

净银杏	250克		
宰净水鱼	500克	猪肚肉	100克
炸蒜头肉	25克	红辣椒片	5克
姜　片	5克	湿香菇	20克
精　盐	5克	胡椒粉	0.1克
麻　油	1克	绍　酒	5克
生　粉	15克	湿生粉	5克
味　精	5克	上　汤	400克
酱　油	10克	猪　油	25克
生　油	1 000克（耗100克）		

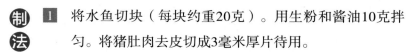

特点

鲜嫩浓香，富有胶质。

制法

1. 将水鱼切块（每块约重20克）。用生粉和酱油10克拌匀。将猪肚肉去皮切成3毫米厚片待用。

2. 用中火烧热炒鼎，下油烧至五成热，放入水鱼块炸过油约2分钟，倒入漏勺沥去油，将炒鼎放回炉上，下姜片、猪肚肉、香菇和水鱼稍炒几下，烹入绍酒，加上汤、精盐、红辣椒片、味精2.5克，烧至微沸，移放慢火炆15分钟时加入净银杏，拌匀倒入砂锅，加入炸蒜头肉，加盖炆约5分钟，至水鱼软烂，取掉姜片。待汤浓缩到约剩下120克时，再向鼎中加入味精2.5克、胡椒粉，用湿生粉调稀勾芡，最后淋上麻油和猪油25克，装盘即成。

特点

清鲜爽口，
口味香醇。

烩神仙翅

原料

已炖好的鱼翅针	400克		
豆　芽	150克	火腿丝	20克
笋　肉	150克	湿香菇	20克
上　汤	1 000克	精　盐	5克
味　精	5克	胡椒粉	0.1克
麻　油	2克	生粉水	适量

116

制法

 1 先将笋肉滚熟，切成丝待用。再把豆芽摘去头尾，香菇切丝待用。

2 将炒鼎烧热，放入少量油，先把香菇炒香，笋丝炒过取出，将上汤放入鼎内煮滚，放入鱼翅针、笋肉、香菇，再煮滚，后放豆芽，加入精盐、胡椒粉、味精搅匀，然后用生粉水勾芡，最后加入麻油，盛装入汤窝，将火腿丝撒在表面即成。

芋泥海参

原料

水发海参	500克（4小条）		
姜	15克	带骨鸡	300克
葱	10克	二 汤	500克
猪肚肉	150克	虾 米	10克
湿香菇	20克	甘 草	0.1克
绍 酒	10克	白 酒	10克
精 盐	10克	酱 油	10克
蚝 油	10克	生 油	125克
净芋头	400克	芹菜粒	2克
胡椒粉	0.1克	麻 油	3克
生粉水	适量		

特点

软滑可口，
鲜香浓郁。

1 将海参放入沸水内滚约6分钟，捞起。用中火烧热炒鼎，下生油25克，放入姜、葱、白酒，爆热后再加二汤100克和酱油，放入海参，煨约2分钟，倒入漏勺沥去水，去掉姜、葱，再将鸡肉、猪肚肉切成几块备用。

2 将炒鼎洗净放回炉上，下生油50克，放入海参略炒，倒入已用竹篾片垫底的砂锅里。将炒鼎放回炉上，放入已切块的猪肚肉、鸡肉，烹入绍酒，加二汤、酱油、蚝油、精盐、甘草略炒推匀，倒入砂锅，加盖，用旺火煲滚后，转慢火煲约1小时，然后加入香菇、虾米再煲约30分钟至海参软烂捞起冷却待用。

3 将芋头肉洗净切片，炊熟，用刀压烂成芋茸，加入精盐、胡椒粉、麻油、芹菜粒拌匀，分别放入已炊好的海参肚内，切件排摆在盘中，放入蒸笼炊约7分钟取出。再把砂锅内的海参汤汁倒入鼎内用生粉水勾芡淋在海参上面即成。

色泽鲜艳，
形似宝盒，
清鲜爽嫩。

炊鱼翅盒

原料				
	水发鱼翅	150克	净老母鸡	300克
	排　骨	300克	猪脚节	300克
	鲜虾肉	250克	鸡　蛋	5个
	火腿末	10克	芫荽叶	20叶
	芹菜末	7.5克	味　精	5克
	精　盐	5克	胡椒粉	0.1克
	料　酒	15克	鸡　油	几滴
	二　汤	750克	蟹　黄	25克
	酱　油	2.5克	姜、葱	少许

制法

1. 将发好的鱼翅放在锅内，加入姜、葱、料酒，泡过捞起待用。

2. 砂锅里先架上竹筷后才垫上竹篾片，再把泡好的鱼翅砌在锅内，盖上老鸡、排骨、猪脚节，然后加入二汤，先用旺火煲滚，再转中火，后用慢火约炖3小时，用筷子将鱼翅夹起时，若两头下垂即可加入味精、酱油，捞起待用。

3. 将鲜虾肉打烂（要剔去虾肠），放在炖盅内加入味精、精盐、鸡蛋白各一半搅拌起胶，成虾胶待用。

4. 将一串虾胶分别酿在20个小碟上（小碟要先涂上猪油），然后将鱼翅放在虾胶上面，再一次酿上虾胶，再用鸡蛋白抹滑，放上火腿末、芫荽叶、芹菜末、金笋花，放入蒸笼用旺火炊熟，取出鱼翅，摆砌盘间，原汤约100克调上味，用生粉水勾芡淋上即成。

附录

部分烹饪专用词及原料、调料名称解释

焯——在滚水中略一煮就拿出来。

炊——清蒸。

蟹目水——煮至70℃时的清水。

飞水——在蟹目水中烫一下取出。

生粉——木薯淀粉。

薯粉——番薯淀粉。

雪粉——经漂白加工的番薯淀粉。

粟粉——玉米淀粉。

糕粉——又叫潮州粉，是用生糯米浸洗后，经炒熟磨成的粉。

澄面——经加工而成的无筋面粉，又称汀粉、小麦淀粉。

草鱼——鲩鱼。

脚鱼——甲鱼、鳖、水鱼。

螺蟾——螺头较硬部分。

生鱼——斑鱼。

蚝——牡蛎。

鱼饭——潮汕地区俗语：将多种多样的同类鱼装进小竹筐，撒上海盐，炊熟即为"鱼饭"。

虾胶——鲜虾肉（剔去虾肠）捣烂后，加入味精、盐、生粉和蛋清搅匀。

冰肉——已腌过糖的猪肥肉。

瓜碧——糖制的冬瓜片。

金瓜——金黄色的南瓜。

吊瓜——黄瓜。

珠瓜——苦瓜，也叫凉瓜。

秋瓜——水瓜。

荸荠——马蹄，俗称钱葱。

银杏——指银杏果，即白果。

菜胆——油菜、白菜的芯。

香菜——生菜、莴苣菜。

芫荽——胡荽，个别地方叫香菜。

菜远——去掉花及硬茎，留最嫩的一段。

竹笙——竹荪。

红萝卜——胡萝卜。

菜脯——咸萝卜干。

姜薯——甜薯，其外表像姜一样有小毛根，是潮汕的土特产，肉色洁白，质
　　　　地清、甘、香。

芋茸——芋蓉。"茸"为潮菜惯用词。

川椒——花椒。

淮盐——用炒好的川椒末与精盐一起拌匀而成。

胡椒油——熟油中加入胡椒粉。

元酱——甜酱，用白糖、辣椒酱煮成。

梅膏酱——盐浸梅子和白糖捣成的酱。

糖油——白糖和清水熬煮成的糖浆。

北葱——大葱。

葱珠——葱花，指切碎的葱段。

葱珠油——将葱珠煎成金黄色，且有葱香味的熟油。

猪网油——也称网油，指猪腹部呈网状的油脂。

包尾油——菜肴在上碟前加入适量猪油，以增加光亮度。

注：书中有一些文字的含义可能与通用的不一致，如广府的"炒镬"，北方
　　叫"炒锅"，但潮汕叫"炒鼎"。这是因为潮汕地区民间和餐饮界对传
　　统的中原饮食古文化保留得较为完整，为了传承潮汕地区的特有文化，
　　本书特意保留了部分地道的潮汕用语。

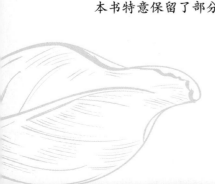